ALEJANDRA PLANET

¡Alerta!
El Océano y La Contaminación Marina

© 2012 Alejandra Planet Sepúlveda

Reservados todos sus derechos. Queda prohibida su reproducción parcial o total sin autorización de su autor.

Diseño de Cubierta: Valeria Paredes P.

Fotografía Cubierta: National Oceanic and Atmospheric Administration.Department of Commerce.

Fotógrafos: David Burdick, Patricio Paredes Genskowski, Jill Sullivan, R. Ginsburg.

ISBN: 978-1-300-08050-3

ÍNDICE

Prólogo ¡Acompáñame ser humano!

Primera Parte

El Océano

1. Teorías de su Nacimiento   11

2. Camino a su Comprensión   17

3. La Dinámica de su Composición   25

4. Biodiversidad Marina   33

Segunda Parte

Contaminación marina

1. Contaminación Marina   47

2. Fuentes Contaminantes   55

3. Las Manchas de Basura   67

4. Machos de las especies bajo amenaza   77

Fuentes y Bibliografía

Credit: The National Oceanic and Atmospheric Administration/Department of Commerce.

Prólogo
¡Acompáñame ser humano!

Lector,

Súbete a este velero hecho de letras y deja que te muestre la realidad del océano que rodea a la humanidad.

Mecido en el vaivén de sus olas con un lenguaje claro y sencillo me acompañarás por sus agónicas aguas y observaremos cómo el hombre y sus erradas decisiones han convertido al océano en un lugar contaminado junto a todo lo que ello implica como el aumento de enfermedades, muertes y extinciones.

Asimismo, descubriremos que desde siempre el hombre ha querido revelar los secretos del océano a fuerza de la observación, de la experiencia y del conocimiento. Primero fueron los filósofos y los poetas que con la razón y la contemplación intentaron hallar las respuestas a los procesos de la naturaleza. Luego fueron los navegantes, quienes con sus observaciones aportaron grandes conocimientos sobre las mareas y las temperaturas, siendo además quienes dibujaron las primeras cartas de navegación entre otras tantas contribuciones, mientras buscaban rutas marítimas para el comercio y la conquista de nuevas tierras.

Con el avance de los años aparecieron los oceanógrafos, los biólogos marinos, los investigadores, diversos profesionales de las ciencias y personas que sin tener los títulos que las avalaran, hicieron de su experiencia un aliado al conocimiento formal del océano. A todos ellos se les sumó el avance de la tecnología, la que permitió que se pudiera incursionar cada día un poco más en la investigación de un océano del que se conoce menos de su 80%. Sí estimado lector, el ser humano conoce muy poco del océano, la verdad, casi nada.

Hoy, en el siglo XXI, el océano debe ser un asunto de toda la humanidad, tanto de adultos, hombres y mujeres como de niños y niñas, porque en la actualidad es considerado el mayor vertedero del mundo y el depositario de distintas fuentes de contaminación, arriesgando la salud de las especies y de los seres humanos, y por supuesto, su extinción, porque no se debe olvidar que sin océano la Tierra no es habitable por sus importantes características para la vida en el planeta.

Por diversas razones el ser humano ha optado por su interés personal y su ambición, en una acción individualista, sin considerar los verdaderos asuntos que deben importar a la humanidad entera como la protección de los recursos que nos brinda el planeta.

Lo triste es que no sólo no ha cuidado su hogar, la Tierra, sino que tampoco se ha preocupado de las futuras generaciones, porque éstas serán las que enfrentarán los problemas más serios como la escasez de agua y de alimentos en un ambiente deforestado con cambios climáticos que producirán desastres naturales más poderosos y continuos que los acontecidos en décadas anteriores. Existirá mayor cantidad de enfermedades y muertes prematuras, como asimismo el surgimiento de amebas, virus y bacterias originadas por la contaminación como la ameba "come-cerebros" (Naegleria Fowleri) que aparece en aguas dulces templadas que están sucias y estancadas, produciendo meningoencefalitis amebiana primaria, que una vez en el interior del ser humano le destruye el tejido cerebral. Ha cobrado víctimas en Estados Unidos el año 2011 y en Pakistán el año 2012, por citar algunos ejemplos.

La humanidad ha contaminado siempre, pero desde la revolución industrial los desechos se tornaron más peligrosos debido a las sustancias químicas que llegaron al mar y con ello, la aparición del plástico que significó que algunos de sus componentes tóxicos también llegaran al océano por medio de la basura.

Las aguas de lagos, ríos, montañas y todos los desechos que en ellas están, llegan al océano de una u otra forma. Por eso es tan importante que las plantas de tratamiento de aguas residuales sean efectivas y numerosas, y que exista una actitud positiva sobre la reutilización y el reciclaje de la basura.

Sin embargo, el ser humano de a poco ha ido tomando conciencia de esta contaminación, comprobando que la capacidad de dilución del océano es limitada y que debe cambiar sus costumbres si desea mantenerlo saludable.

Su condición de vertedero se debe a que por mucho tiempo los científicos consideraron que el océano tenía la capacidad de absorber la basura de los seres humanos, pudiendo depurarse de manera natural a través de microorganismos, y como se puede suponer, esta información llevó a los hombres a comenzar un vertido de residuos sin control, en especial, porque esta forma de deshacerse de los desechos era la más económica. Pero la enorme cantidad de los vertidos residuales sobrepasó cualquier límite de autodepuración.

Inicialmente no fueron los vertidos de desechos los que preocuparon a las comunidades internacionales sobre la contaminación del océano sino el derramamiento de petróleo. Después de la década de los 60' con los hundimientos de barcos petroleros como el Torrey Canyon en 1967 y otros tantos más que vertieron el crudo en las aguas a causa de algún choque o ruptura comenzó la tarea por conservar un océano limpio a través de normativas internacionales.

En 1972 las Naciones Unidas establecieron en la Convención de Londres un listado de sustancias que no podían arrojarse al mar como los residuos radioactivos y los compuestos de cianuro que provenían de los barcos, pero no mencionaron los vertidos de las tuberías de las compañías químicas y sólo en 1975 se incluyó en la normativa. Pero además, la preocupación de la comunidad internacional por la contaminación marina se reflejó en la Convención de 1982 de las Naciones Unidas sobre el derecho del mar, también conocida como la Constitución de los Océanos que estableció obligaciones generales para la protección del medio marino y la libertad de la investigación científica en alta mar. De esta forma comenzaron las regulaciones internacionales para establecer un orden extendido del control sobre la protección del océano.

No obstante, han pasado más de cinco décadas y la situación del océano ha empeorado a causa del aumento de la población, la urbanización creciente en las zonas costeras, la falta de educación, la carencia de una legislación efectiva que castigue severamente a las empresas contaminantes, aumento de los países industrializados, el uso excesivo de pesticidas, las mareas negras, la polución de los ríos y los vertidos de residuos entre las causas más importantes, pero es el uso masivo del plástico en el planeta el que genera uno de los mayores problemas cuando sus desechos se vierten en el mar, debido a la peligrosidad de alguno de sus componentes.

En 1997 el capitán estadounidense Charles Moore descubrió una gran mancha de basura entre Los Angeles y Hawaii que contiene partículas de plástico y otros residuos en el océano Pacífico y el año 2010 se descubrió otra mancha de basura flotante en la zona occidental del océano Atlántico.

La extensión de las llamadas islas de basura, sopas de plástico o manchas de basura es inmensa, algunos científicos dicen que una de ellas es el doble del tamaño del estado de Texas, mientras que otros la comparan con Cuba, sin embargo estas concentraciones de basura son tan extensas que se les llama el séptimo continente.

La presencia de estos desechos es más peligrosa de lo que se piensa, debido a que no es sólo basura que flota, son desperdicios con los cuales las especies se asfixian y son partículas tóxicas con las que las especies marinas se alimentan, llegando a través de la cadena alimenticia al ser humano.

Según el informe anual del Programa de las Naciones Unidas para el Medio Ambiente (PNUMA, 2011) el océano está en riesgo por las grandes cantidades de fósforos, nitrógeno, plásticos y aguas residuales que se vierten en él.

Contaminar los ríos, lagos y mares es contaminar la vida misma. La relación del océano con la atmósfera, la litosfera y la biosfera ha permitido delinear las condiciones que hacen posible que exista la vida y eso debemos tenerlo claro para iniciar acciones con respecto a las soluciones que podemos encontrar en el manejo de la basura.

A su vez, el océano constituye una gran fuente de recursos biológicos, naturales y económicos para la población, pero el ser humano se niega a tomar conciencia de la amenaza que sufren las aguas marinas y continúa dañándolas en proporciones alarmantes, donde ni las convenciones ni las nuevas normativas mundiales por protegerlas han resultado.

Si bien hay otros detrimentos en áreas como el deporte, el turismo y la actividad costera, en estas letras veremos el efecto que la polución marina tiene en el ser vivo para su salud y su sobrevivencia.

La excesiva explotación de sus recursos, la destrucción de su hábitat, los efectos del cambio climático y la acidificación del océano se suman a la contaminación marina, mientras que las especies y el ser humano se exponen a la feminización de los machos y a la modificación del ADN entre otras tantas consecuencias negativas.

A pesar de todos los problemas que genera un océano contaminado, existe un conflicto entre los intereses económicos y la protección del medio ambiente que no se ha podido conciliar.

Estas dos aristas en que vive el ser humano trata de un mundo natural, pleno de seres vivos y recursos con un océano importantísimo para la vida en el planeta que se somete a la humanidad para su beneficio y comodidad, pero esto debe cambiar para garantizar la supervivencia de ambos. No se debe olvidar que el océano es un sumidero de carbono y su riqueza entrega el 20% de las proteínas consumidas a diario por el ser humano y hoy en día, señala su saturación.

La solución se encuentra en las políticas públicas, las legislaciones efectivas, las prácticas y las actitudes positivas hacia el medio ambiente. Las personas de cualquier nivel socioeconómico y cultural de cada país deben tomar conocimiento y conciencia de que todas sus actividades deben estar acordes con un ambiente marino sano. Un cambio de mentalidad a nivel global que se facilitará con las noticias entregadas por los medios de comunicación, el cuarto poder actuando en beneficio del planeta, y con los mensajes de las redes sociales, donde interactúan las masas y se informan con rapidez. Fueron estas últimas, las que usaron las ONGs, las fundaciones y los amantes del océano para dar a conocer lo que sucedía en las aguas a personas que estaban lejos de los estudios científicos o que andaban por la vida sin saber que la contaminación marina era una emergencia.

La función de cada ser humano con respecto al océano es conocer sus cualidades y protegerlo de la forma que esté a su alcance. Hay un sinfín de acciones cotidianas que pueden ayudar a quien en silencio pide ayuda, nuestro océano.

Crédito: Patricio Paredes Genskowski

Primera parte

El Océano

"Cuan inadecuado es llamar al planeta Tierra, cuando en realidad es Océano" Arthur C. Clarke

Steve Hillebrand/USFW

1. Teorías de su nacimiento

"¡Si uno conociera lo que tiene, con tanta claridad como conoce lo que le falta! "Mario Benedetti

Se llama océano a esa parte que cubre el 71% del planeta con agua marina, dividido por los cinco continentes. Se estima que el océano se formó hace más de 3.000 millones de años y existen varias teorías sobre su nacimiento.

Su nombre viene del griego Okeanos y fue representado por esa mitología como el Titán Océano.

El océano tiene una gran importancia para la vida en el planeta. Es útil para la comunicación entre los pueblos, es un surtidor de alimento y es también un factor fundamental en el ciclo de la vida, pues el océano interactúa con la atmósfera. Se inicia con la evaporación del agua en el mar, convirtiéndola en nubes y luego en lluvias que caen sobre la tierra y regresan a través de los ríos y caudales al océano. Esto significa que la vida depende de la circulación del agua marina.

La historia de la humanidad reporta una sucesión de teorías sobre el origen de la vida, del planeta y del universo, que van desde el mito hasta las últimas y exhaustivas investigaciones científicas.

En la antigüedad se respondía a los cuestionamientos sobre el origen de la vida y de la naturaleza con historias de divinidades, mitos y leyendas. Todos los fenómenos de la naturaleza tenían una explicación mítica, es decir, si llovía o no por ejemplo, se debía al agrado o enojo de algún dios y muchas veces a la lucha entre el bien y el mal realizada en el cielo por los dioses o seres imaginados por la población de la época.

Fueron los primeros filósofos griegos, llamados los filósofos de la naturaleza quienes rompieron la concepción mítica del mundo con la exposición de sus pensamientos frente a los cambios que ocurrían en la naturaleza. Ellos pensaban que existía una materia primaria que era el origen de todos los cambios que ocurrían en el mundo natural. Tales de Mileto, el padre de la filosofía y primer filósofo de la naturaleza, consideró que el agua era el principio de todas las cosas, mientras el filósofo Anaxímenes estableció que era el elemento aire y el filósofo Anaximandro dijo que era una materia indefinida el inicio de todo. Estos filósofos de la naturaleza fueron los que unieron el concepto de los elementos a la comprensión de la naturaleza.

Gracias a estos pensadores griegos y los que les sucedieron se estableció una relación entre las matemáticas, la astronomía y las diversas ciencias para dar forma a las primeras teorías del origen de la vida y con ello, al origen de todo lo que había en el planeta.

A medida que pasaron los años y fueron apareciendo nuevos instrumentos de medición y otras formas de experimentación, las teorías comenzaron a surgir con mayor conocimiento.

Una de las teorías que más fuerza tomó hace algunos años fue la teoría volcánica que expuso que el agua se formó hace 3.800 millones de años a causa de una reacción de átomos de hidrógeno y oxígeno frente a las altas temperaturas (527°C) en el centro de la Tierra, formando un vapor que se expulsó a la superficie y con ello hacia la atmósfera, mientras que otra parte de ese vapor se enfrió y se condensó para formar el agua líquida y sólida de la superficie terrestre.

No obstante, el Dr. Tobías C. Owen, uno de los principales astrónomos del sistema solar del mundo con especialidad en cometas, origen y evolución de las atmósferas planetarias entre otros estudios, enunció una teoría que planteó que el origen del agua se debía a fuentes extraterrestres. Esto significaba que el agua llegó en forma de hielo en el interior de numerosos meteoritos que impactaron con la Tierra y liberaron el compuesto, llenando el océano. Esta teoría fue apoyada por estudios recientes de la NASA cuando analizaron el cometa S4 LINEAR que mostró una gran similitud entre su composición y estructura química con el agua marina.

En el año 2010, investigadores de España y Estados Unidos observaron a través de telescopios terrestres y del Observatorio Espacial Spitzer de la NASA al asteroide 65 Cybele, y descubrieron hielo en él, reforzando otra vez esta teoría.

El Dr. Owen explica que el océano nació hace más de 6.000 millones de años cuando el planeta se estaba formando con la acumulación de pequeños objetos que él llamó planetesimales y sugirió que hay tres posibles fuentes del origen del agua después de extensas investigaciones y observaciones de cuerpos celestes. La primera se refiere a que el agua surge de la separación de rocas terrestres, la segunda que llegó en los meteoritos y la tercera que llegó por los cometas.

La composición del océano ofrece algunas pistas sobre su origen. Si todos los cometas contienen el mismo tipo de hielo de agua que se ha examinado en los cometas Halley y Hyakutake, los cometas no pueden haber entregado toda el agua en el océano de la Tierra, porque el hielo de los cometas contiene átomos que tienen dos veces más deuterio (un isótopo pesado del hidrógeno) en comparación a los átomos de hidrógeno que encontramos en el agua de mar.

El científico Francis Albarède del Centro Nacional de la Investigación Científica de Francia (CNRS) consideró en el año 2009 que la teoría volcánica no podía ser posible, debido a que la Tierra estaba demasiado caliente para poder condensar el agua y su estudio científico sugirió que el origen del agua se encontraba en el colapso de dos grandes asteroides cubiertos de hielo que chocaron con la Tierra hace más de 100 millones de años después de la formación del planeta. La datación basada en el uranio y el plomo es consistente con esta teoría.

Sin embargo, en todas las teorías, aún existen dudas, debido a que hay cabos sueltos, como por ejemplo, hay demasiado xenón (un gas inerte) en la atmósfera terrestre en comparación con los cometas. Hay algunas respuestas al respecto que explicarían el suceso, pero no han sido comprobadas. Nadie ha medido la concentración de xenón en los cometas, pero los recientes experimentos de laboratorio sobre la captura de gases por la formación de hielo a bajas temperaturas, indican que los cometas no contienen altas concentraciones de xenón.

Por lo mismo el Dr. Tobias C. Owen afirma que una mezcla de agua meteórica y de agua del cometa no es la adecuada, porque esta combinación todavía contiene una mayor concentración de deuterio de la que se encuentra en el océano. Pero sí puede existir un origen mixto que significaría que una parte del agua provino de la reacción de elevadas temperaturas y otra parte vino del espacio exterior.

Por lo tanto, el mejor modelo para el origen de los océanos en este momento es una combinación de agua procedente de los cometas y otra del agua que quedó atrapada en el cuerpo rocoso de la tierra. Esta mezcla satisface el problema del xenón. También parece resolver el problema del deuterio, pero no completamente.

Se deben estudiar aún más los cometas y las composiciones del espacio exterior como el agua de una de las lunas de Júpiter, o las reservas de agua en Marte para descubrir el verdadero origen del océano.

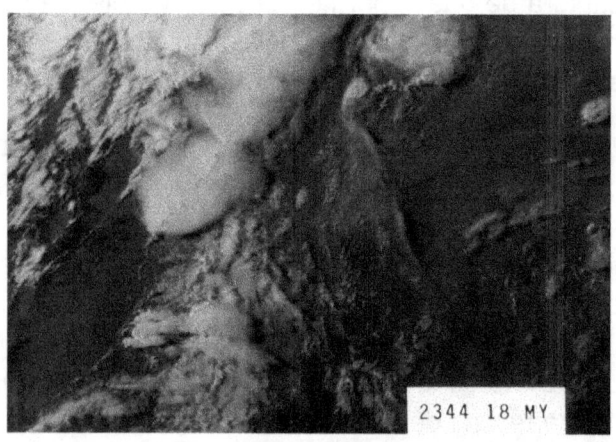

spac0527, NOAA In Space Collection

2. Camino a su comprensión

"La alegría de ver y entender es el más perfecto don de la naturaleza" Albert Einstein

De todos los lugares de la Tierra, el océano sigue siendo un lugar de duda y misterio para el ser humano.

Desde que el hombre primitivo comenzó a buscar sus alimentos en el mar y los ríos aprendió conocimientos básicos sobre el comportamiento de las aguas y ellos fueron la base para iniciar su estudio posterior.

Fueron las pinturas antiguas como las egipcias, que le mostraron al mundo que los marineros de hace 3.000 años intentaban descubrir la profundidad del océano con cuerdas y pesos que sumergían en las aguas. Sólo de esta forma se pudieron dilucidar algunas acciones que tuvieron los hombres en la antigüedad por conocer más sobre el mar y sólo se cuenta con datos que no se pueden comprobar a cabalidad como la suposición de que la primera expedición marina fue realizada por el marino griego Piteas cerca del año 300 a.C. quien además fue considerado un marino científico, pues calculó las latitudes y descubrió la noche polar.

Pero lo que sí se sabe con certeza es que fueron los griegos quienes más conocimientos adquirieron sobre el océano en los tiempos antiguos. Fue Aristóteles (384-322 a.C) el que enunció uno de los principios más importantes de la relación entre el océano y la atmósfera, explicando que las lluvias incesantes y el flujo de los ríos no lograban hacer crecer el océano, porque el sol evaporaba las aguas, que se volvían a condensar en forma de lluvia, es decir, descubrió que había un ciclo continuo que iba del agua al vapor y del vapor al agua.

El filósofo griego Eratóstenes (276–194 a.C) creó el primer mapa del mundo y el astrónomo greco-egipcio Ptolomeo (100-170 d.C) fue el primero que hizo un atlas de mapas.

Resulta en sí comprensible que le debemos mucho al mundo griego de la antigüedad, porque fueron sus pensadores quienes se preguntaron y buscaron respuestas sobre el funcionamiento de la naturaleza y sobre la vida en el planeta tanto en la tierra seca como en el océano.

Asimismo, el aporte de los marinos de muchos lugares del mundo fue también notable, porque gracias a su pericia en la observación del mar se conocieron detalles de la relación de los vientos y las mareas, y a medida que se supo sobre estas experiencias, sumadas a lo que explicaron los filósofos griegos, la humanidad dejó atrás las leyendas y los mitos que hablaban de monstruos marinos y seres fantásticos que vivían en el océano, y con ello perdieron el temor a atravesar sus aguas.

De a poco aparecieron los instrumentos y las técnicas como las cartas de navegación. También surgieron los aparatos de medición para estudiar las rutas marinas y para evitar los colapsos con las rocas, los bancos de arena y los arrecifes que encontraban en su camino.

Sin embargo, este apogeo del conocimiento marino de los griegos se vio truncado cuando los romanos destruyeron los puertos y quemaron la biblioteca de Alejandría donde conservaban sus investigaciones.

Después de varios siglos, en la Edad Media, comenzó otra vez un interés masivo por la conquista de los mares y con ello el deseo de la investigación y exploración marina. Los primeros navegantes que empezaron los descubrimientos fueron los hermanos Vivaldi de Génova que atravesaron el Estrecho de Gibraltar en 1821 y el primero de los marinos que inició las rutas comerciales fue Enrique el Navegante, quien además, demostró tanto interés en el océano que fundó un observatorio y una escuela náutica.

Lo cierto es que a medida que los hombres utilizaban el océano como canal de transporte fueron profundizando los conocimientos griegos sobre las relaciones del océano con el clima, se preocuparon de las mareas y del movimiento incesante de las olas.

De las descripciones de los navegantes medievales se puede apreciar que la observación era su forma de conocer algunas características del comportamiento del mar y su cercanía a la tierra seca como lo escribiría en 1606 el navegante portugués Pedro

Fernandez de Quirós en uno de sus viajes por el Pacífico:

"Si las aguas se ven grasosas, con hojas de árboles, yerbas, maderas, ramas, cocos y otras cosas que las olas llevan de la orilla y los ríos arrastran, es señal de que la tierra está cerca. [...] Si las aves que vemos son piqueros, patos, cercetas, gaviotas, estopegados, golondrinas de mar, gorriones-halcones, flamingos o siloricos, es señal de que la tierra está muy cerca; pero si hallamos pájaros bobos no debemos pensar en nada, pues esas aves vuelan de una tierra a otra. [...] Si el color del mar no es el ordinario cuando hay gran profundidad, es decir, azul oscuro, será necesario tener cuidado, y si es de noche habrá que oír los ruidos del mar y asegurarse de que no son más fuertes que de ordinario."

Definitivamente, la historia de los estudios sobre el océano necesitó unir los conocimientos de los pensadores griegos y de los navegantes para plantear las primeras teorías sobre el comportamiento marino. Luego aparecieron los trabajos científicos y con ello se formaron sociedades científicas que analizaron los nuevos entendimientos de la naturaleza y el océano.

El primer intento de una exploración científica bajo el océano ocurrió en el siglo XIX cuando el científico de la Universidad de Edimburgo Sir Charles Wyville Thompson utilizó un navío de la Marina Británica, el HMS Challenger (1872-1876), modificado con fines científicos y abastecido de laboratorios de química y tecnologías capaces de obtener rocas del subsuelo marino. Con esta expedición se descubrieron varios datos oceanográficos desconocidos hasta entonces, por lo que se considera en la actualidad como el mayor avance del conocimiento del planeta desde el siglo XV y XVI.

En los años posteriores a la Segunda Guerra Mundial, el instrumento para hacer sondeos acústicos, el Sonar (Sound Navigation and Ranging), permitió conocer la distancia de la superficie al fondo marino, calculado según el tiempo que tardaba un sonido al reflejarse en el fondo y volver a la superficie, lo que permitió los primeros estudios de las grandes áreas del fondo del océano.

El año 1968, un barco de perforación en aguas profundas, el Glomar Challenger obtuvo muestras reales del fondo marino y resolvió teorías como la Teoría de la Deriva de los Continentes del explorador alemán Alfred Wegener (1880-1930) y realizó descubrimientos que explicaban la formación de las cordilleras y las fosas oceánicas.

Las perforaciones oceánicas que hicieron estas expediciones y otras más, contribuyeron al conocimiento científico del océano que llevó a la humanidad a entender más sobre la variabilidad climática registrada en los sedimentos, la estructura de las placas tectónicas y la circulación de los fluidos marinos entre otras materias.

En la actualidad se cuenta con un avanzado saber sobre el océano en comparación a décadas anteriores. Por ejemplo, se ha logrado una mejor comprensión sobre las olas, las mareas y las corrientes, la composición oceánica y los fenómenos que ocurren en la superficie y en las grandes profundidades. Se conoce sobre la interacción de los océanos y la atmósfera como asimismo se conoce la influencia de la temperatura y la salinidad.

Hoy en día las nuevas tecnologías como los vehículos robots permiten recolectar muestras e imágenes de zonas muy profundas del fondo oceánico y además, se encuentran los avances en instrumentos de observación que se instalan en las profundidades y se mantienen conectados a tierra por cables de fibra óptica o bien se arrojan al fondo marino dispositivos especiales con cámaras y luego se recuperan. Este tipo de instrumentos faculta a un mayor conocimiento.

Se ha descubierto el año 2012 una ciudad sumergida, que aún está en estudio, bajo los 700 metros en la zona del llamado Triángulo de las Bermudas. Asimismo este año se han realizado grandes descubrimientos como el hallazgo de nuevas especies. Se han encontrado cerca de los 3.000 metros de profundidad en las aguas antárticas enormes criaturas como las arañas de mar y crustáceos que tienen un tamaño superior a cualquier otra especie similar.

Pero habría algo más que mencionar y se refiere a los satélites de observación terrestre y otros con fines específicos que observan el comportamiento del océano, y sus últimas apreciaciones han señalado que el mar sube por año en promedio unos tres milímetros. La subida está relacionada con el calentamiento global producido por las emisiones de gases de efecto invernadero.

Sin embargo, con todos los adelantos científicos aún falta mucho por descubrir, más del 80% de la inmensidad del océano.

Credit: The National Oceanic and Atmospheric Administration/Department of Commerce

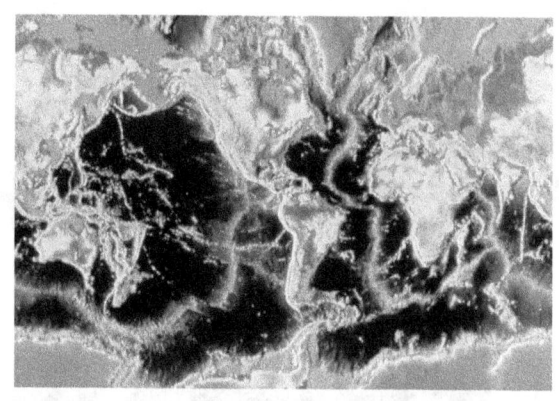

OAR/National Undersea Research Program (NURP)

3. La Dinámica de su composición

"Y es que la naturaleza no hace nada en vano, y entre los animales, el hombre es el único que posee la palabra" Aristóteles

El océano cubre el 71% de la superficie de la Tierra, tiene un volumen de 1.348 millones de km3 ocupado completamente por organismos vivos y tiene una profundidad media de 3.900 metros.

Los "océanos"

Debido a los cambios del océano y a su movimiento, las cuencas oceánicas se han modificado y con ello, los continentes.

Los científicos han descubierto que los continentes estuvieron unidos en la antigüedad en un supercontinente llamado Pangea que se empezó a separar hace 180 millones de años. Por cada separación pasa el océano tomando diverso nombre que también se le llama "océano", pero sigue siendo un enorme cuerpo de agua conectado.

Uno de ellos es el Océano Pacífico descubierto en 1513 por Vasco Núñez de Balboa. Es el más grande de los "océanos", teniendo una extensión de 200.700.000 kilómetros, ubicándose entre el Mar de Bering en el Ártico por el norte hasta los márgenes congelados del Mar Ross en la Antártida por el sur. En él se encuentran las fosas de Las Marianas, las más profundas del planeta a 11.034 metros de la superficie.

El otro océano es el Atlántico con una extensión de 106.400.000 kilómetros que separa a América de Europa y África. Se extiende desde el océano Glacial Ártico en el norte hasta la Antártida y es importante en lo que se refiere al clima, ya que de sus corrientes depende parte del clima de los continentes ribereños. En su amplitud se encuentra el Mar Caribe, el Mar del Norte, el Báltico y el Golfo de México, y desembocan en él algunos de los ríos más caudalosos del mundo como el Orinoco, el Amazonas, el Mississipi, el Congo y el Níger.

También está el Océano Índico que tiene una extensión de 73.556.000 kilómetros y limita al norte por el sur de Asia, al oeste por la península Arábica y África, al este por la península Malaya, las Islas Sonda y Australia, y al sur por la Antártida. En él, está el Mar Rojo y el Golfo Pérsico.

Por su parte, el Océano Antártico a su vez, tiene una extensión de 20.327.000 kilómetros y se encuentra desde la costa antártica hasta los 60° S, que es el límite con el océano Pacífico, Atlántico e Índico. Su extensión fue definida por la Organización Hidrográfica Internacional en el año 2000 y coincide con los límites fijados en el Tratado Antártico, el cual regula las relaciones internacionales con respecto a la Antártida y que fue firmado el 1 de diciembre de 1959 en Washington y entró en vigor el 23 de junio de 1961.

El Océano Ártico es el más pequeño, con una extensión de 14.090.000 kilómetros y se extiende desde el norte de Europa, Asia y América rodeando al Polo Norte.

Agua marina

El agua marina está presente como un líquido, una sustancia sólida y un gas que está regulado por la temperatura, modificando sus moléculas. El agua de todas las cuencas oceánicas se mezcla bien, llevando la energía del calor y la materia en forma de sólidos y gases, por lo que el océano es un sistema global.

Los primeros oceanógrafos pensaban que el océano al no tener viento era un ente estático, pero gracias a los instrumentos modernos se ha descubierto que el movimiento en las masas de aguas profundas es frecuente y las diferencias de densidad entre sus masas de agua son las principales fuerzas motrices de las corrientes oceánicas.

Una de las características más importantes del agua es su capacidad para disolver otras sustancias como las sales, los minerales y los gases.

El dióxido de carbono (CO_2), después de disuelto por el agua marina es utilizado por el fitoplancton para producir la materia vegetal. Mientras que el oxígeno y el nitrógeno que se han disuelto en la atmósfera también están en el agua de mar, y el océano también los devuelve a la atmósfera. La temperatura también regula la disolución de gases, y esta propiedad es muy importante, porque permite los procesos metabólicos como la respiración en la vida marina.

En la superficie del océano a menos de 100 metros se realiza la fotosíntesis que es el proceso por el cual se produce la materia orgánica al combinar el dióxido de carbono y el agua, utilizando la energía de la luz solar, y es el lugar donde vive la mayor parte de la vida marina. En esta capa del océano hay más oxígeno que a 500 metros de profundidad, pues en esta profundidad el oxígeno comienza a agotarse.

El agua marina es salina y sus sales están compuestas de sodio y cloruro de sodio, este último representa el más del 80% de los sólidos en el océano y el resto está compuesto por sulfato, magnesio, calcio, bicarbonato de potasio, bromuro, borato, estroncio, fluoruro y otros. Cabe destacar que el agua marina tiene una composición muy parecida al plasma humano, y por ello la sangre, las lágrimas y las mucosidades del ser humano son saladas. Algunas sales provienen de la erosión en la tierra, la disolución de las rocas y de las aguas de lluvia escurrida y extendida. Además algunas sales provienen de la actividad volcánica tanto de la tierra como del océano y otras provienen de la actividad hidrotermal.

Las Corrientes marinas y las mareas

Las corrientes oceánicas son un flujo continuo de agua e influyen en el clima de las zonas costeras. Estos desplazamientos de masas de agua que transportan aguas frías a las regiones cálidas y viceversa se originan debido a la acción del viento, el movimiento de la rotación terrestre, las diferencias de temperatura y de la salinidad, que además contribuyen al equilibrio de las temperaturas oceánicas del planeta. Hay corrientes superficiales y corrientes profundas, así como las hay frías y cálidas según donde se origine su nacimiento, en la zona del ecuador o en las cercanías de los polos.

En tanto, las mareas son ascensos y descensos del nivel del mar que se producen cuando la superficie del océano sube y baja a causa de la fuerza de gravedad que proviene del sol y de la luna. Sin embargo, la luna es la mayor influencia en las mareas, porque el sol está más lejos de la Tierra y las fuerzas gravitacionales se debilitan a mayor distancia.

Isaac Newton explicó que las fuerzas gravitacionales dependían de las masas de dos cuerpos y de la distancia entre ellos. Cuando la luna se encuentra encima de un punto específico de la superficie de la Tierra ejerce una fuerza de atracción del agua, que hace que el océano se eleve sobre su nivel normal. Generalmente se producen dos mareas altas y dos mareas bajas cada día lunar en las costas y su altura depende de la forma que tiene la línea de la costa y la plataforma costera más próxima.

El fondo marino

El fondo marino se refiere al lecho o piso marino y es geológicamente diferente al de los continentes, pero los procesos que ocurren bajo las aguas marinas afectan a la superficie terrestre. Presenta distintas profundidades y si observamos el océano sin agua, podríamos ver montañas, valles y llanuras, bosques de algas altísimas y cientos de plantas diversas. Es un paisaje muy parecido a la superficie terrestre, pero donde encima hay más de 3.500 metros de agua.

El océano tiene cerca de 65.000 kilómetros de montañas submarinas volcánicas y valles que circundan al planeta. A veces estas montañas son tan altas que llegan a la superficie y forman islas como por ejemplo Islandia y asimismo, los volcanes submarinos que pueden subir desde el fondo para crear cadenas de islas volcánicas.

El fondo marino tiene planicies abisales que son las áreas planas en profundidades de 2 a 6 kilómetros. Además, tiene trincheras oceánicas que son alargadas depresiones y cadenas montañosas muy extensas que son las llamadas cordilleras oceánicas con zonas de fractura que las separan en secciones.

La mayor parte del fondo marino está debajo de los 1000 metros y tiene una presión hidrostática superior unas cien veces a la presión atmosférica que tiene la superficie terrestre y sin embargo, se encuentran seres vivos habitando en con esa presión, en la más absoluta oscuridad y con temperaturas de 1 a 3 °C.

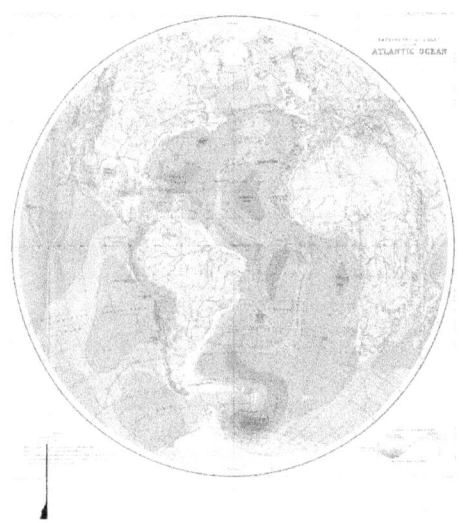

NOAA Central Library Historical Collection

NOAA Office of Ocean Exploration; Dr. Les Watling, Chief Scientist,
University of Maine

4. Biodiversidad marina

" Y se dio cuenta que nadie jamás está solo en el mar" El Viejo y El Mar de Ernest Hemingway

En la actualidad el término biodiversidad es una palabra habitual en las conversaciones que tratan de la preocupación por el medio ambiente. Pero ¿a qué nos referimos realmente cuando hablamos de biodiversidad o diversidad biológica? La biodiversidad es la gran variedad de seres vivos sobre la Tierra junto a sus procesos naturales y a las diferencias genéticas de cada especie, es decir, comprende la variedad de genes de una especie como por ejemplo el de las distintas razas. Abarca la variedad taxonómica que representa la cantidad de especies que existen por ejemplo en una ciudad, y la variedad de los ecosistemas, es decir la cohabitación de las distintas especies, incluidos los humanos, en un medio ambiente específico como por ejemplo, un ecosistema urbano donde habitan perros, gatos, aves, humanos, etc.

Entonces, la biodiversidad marina se refiere a la cantidad de especies marinas que hay en el océano junto a sus procesos naturales, genéticos y sus ecosistemas, y su estudio lo lleva a cabo la biología marina.

Aristóteles es considerado el padre de la biología marina, pues realizó los primeros estudios de las especies marinas y sugirió que la vida entera en el planeta era objeto de investigación.

"Si disfrutamos contemplando las imágenes de los seres vivos, porque admiramos el arte que las produjo, sea la pintura o la escultura, sería ilógico y extraño que no apreciásemos todavía más la observación de los propios seres compuestos por la naturaleza, al menos si podemos advertir sus causas [...] Por eso, uno no debe sentir una pueril repugnancia al examen de los animales más sencillos, pues en todos los seres naturales hay algo de admirable. Así como Heráclito -según cuentan- invitó a pasar a unos visitantes extranjeros, que se detuvieron al verlo calentándose junto al horno, diciendo: "aquí también hay dioses"; así mismo debemos acercarnos sin reparos a la exploración de cada animal, pues en todos hay algo de natural y hermoso".

Credit: The National Oceanic and Atmospheric Administration/Department of Commerce.

Aristóteles también habló de "alma de planta" y "alma de animal" como un principio de vida desprendido del cuerpo.

Uno de los tantos animales marinos que estudió fue al delfín al que le notó un espiráculo en la espalda, descubriendo que remplazaba a las branquias. Lo relacionó con todos los otros animales acuáticos que tenían este espiráculo como la ballena que lo tiene en la frente. Estudió su anatomía y comportamiento, señalando su gran sentido de organización y explicó minuciosamente su sistema reproductivo, su cópula y la relación con sus crías.

"Se citan una multitud de hechos que demuestran la dulzura y familiaridad de los delfines, y en particular la de sus manifestaciones de amor y pasión por sus hijos..."

Aristóteles clasificó cerca de 500 tipos de peces y especies como moluscos y mamíferos, cada uno con sus costumbres y ciclos de vida.

No obstante, según manuscritos del siglo XIII las primeras observaciones de especies marinas que se hicieron bajo el agua fueron realizadas por Alejandro el Grande, Rey de Macedonia y discípulo de Aristóteles, quien se sumergió en un barril de cristal el año 322 a.C., pero no existe una evidencia concreta que apoye esa experiencia.

Con el tiempo aparecieron muchos investigadores y luego, biólogos marinos que hicieron grandes descubrimientos de especies acuáticas y aún en este siglo, se continúan encontrando nuevas especies.

Por citar algunos descubrimientos, en 1977 se hallaron las Archatas, microrganismos que dominan las profundidades del océano. En 1985 se encontró el organismo fotosintético más pequeño, la Cianobacteria Prochloroccocus (0,0005mm) que es la responsable del 30% de toda la actividad fotosintética del océano. En la Antártica, este año (2012), los científicos han descubierto 24 nuevas especies bajo el mar Antártico.

También un gran aporte al mundo marino y a la humanidad fue entregado por Jacques Cousteau. Él creó inventos como la primera cámara acuática, el pulmón acuático para los buzos y aparatos que facilitaron la inmersión en el océano. Realizó expediciones que nos mostraron el mar por dentro, convirtiéndose en el biólogo o como él quería que se le llamase "técnico oceanográfico" más importante de la historia marina.

En el océano influyen la temperatura, la luz, la presión, la densidad y el oxígeno entre otros factores que varían según la profundidad del océano como lo hemos leído anteriormente, y esto interviene en la vida marina. Las especies marinas han debido adaptarse a los riesgos que conlleva el océano para lograr alimentarse, reproducirse, moverse, y evitar ser comido.

Las especies marinas se pueden dividir en dos clases principales según el lugar donde habitan. Uno de ellos es el ámbito pelágico que se extiende por toda el agua superficial y tiene abundancia de vida marina porque dispone de luz solar haciendo posible la fotosíntesis. A los organismos que viven en esta parte del océano se les llama pelágicos y aunque los biólogos han realizado subdivisiones para distinguirlos según la luz que reciben por estar a menor o mayor profundidad en la zona pelágica o por los que viven más cerca de la costa o no, en esta ocasión y para que sea más fácil su comprensión se tratará a las especies pelágicas en general sin clasificaciones detalladas.

Los productores primarios son en su mayoría seres microscópicos y tienen poca vida. Estos organismos tienen una capacidad fotosintética y están dispersos en el agua y sirven de alimento a organismos de mayor tamaño. Uno de ellos es el plancton que en general es un conjunto de organismos muy pequeños que flotan en el agua salada y dulce en forma pasiva y son muy abundantes hasta los 200 metros de profundidad. Está formado por pequeños organismos animales (zooplancton) y vegetales (fitoplancton) que flotan en el agua a merced de las corrientes marinas y es la base de la cadena alimenticia del ecosistema pelágico, donde llegan los peces a alimentarse. También está el necton que está formado por escasos animales por sobre un centímetro de tamaño que nadan activamente, independiente de las corrientes como los moluscos, la mayoría de los peces, algunos reptiles y mamíferos.

Las especies que habitan en el ambiente pelágico se reproducen rápidamente y alcanzan su madurez sexual en el primer o segundo año de vida, lo que hace que sean especies muy preciadas por la explotación humana.

Los peces pelágicos tienen un color que les permite el camuflaje para la superficie y para las profundidades evitando depredadores. Además se refugian en cardúmenes o bancos, donde el depredador se confunde y sólo puede tomar a una presa.

Sin embargo, los peces que habitan en las zonas de más luz solar y no pueden ocultarse tienen la habilidad de una veloz natación para huir de los depredadores como el atún, la anchoveta y el jurel.

Entre las especies pelágicas se hallan la caballa, la sardina, el atún, la anchoveta, el dorado y el tiburón entre los más explotados comercialmente.

El otro ámbito donde habitan especies marinas es el bentónico que es el fondo del océano, sus sedimentos y otros cuerpos de agua como los lagos.

En la zona bentónica existe una gran biodiversidad en comparación con la pelágica. A los organismos que viven en estas zonas se les llama bentos y la mayoría de ellos están estrechamente unidos al fondo del océano o en torno a él como las estrellas de mar, las ostras, las almejas, erizos, jaibas y otros que nadan muy cerca del fondo como la merluza, la corvina, el lenguado y el congrio.

Esta zona está determinada por la naturaleza del sustrato, es decir, puede ser rocosa o sedimentaria.

Steenstra, Edward Peter, U.S. Fish and Wildlife Service

En el área rocosa se encuentran las especies más heterogéneas y en las áreas sedimentarias están las más homogéneas, pero en menor número. Esta área tiene varias franjas o pisos que van desde la costa hacia el mar profundo y se denominan supralitoral, mediolitoral, infralitoral, circalitoral, batial y abisal. Sin embargo hay otras clasificaciones científicas, pero para hacer más fácil su comprensión las definiremos como diversas capas de agua que van desde menor a mayor profundidad.

La franja supralitoral es la que humedece el rocío del mar, por ende tiene muy poca agua y temperaturas extremas que son elevadas en verano y frías en invierno, donde además se producen grandes cambios de salinidad y las especies se adaptan a unas condiciones de vida muy duras como algunos tipos de moluscos.

La franja mediolitoral es donde hay mareas. Está justo por encima del nivel del mar y se encuentran los organismos que toleran cierto grado de inmersión, pero no pueden sobrevivir bajo el agua como algunos crustáceos, bellotas de mar y caracoles.

En la franja infralitoral están las especies que requieren una inmersión continua como peces, tipos de crustáceos y clases de moluscos.

En la franja circalitoral se encuentran las algas multicelulares como la morena de Centroamérica.

En la franja batial habitan los corales blancos, desde los 400 metros hasta los 1000 metros de profundidad. Muchas especies marinas, vegetales y animales forman un esqueleto calcáreo como los corales y en ellos viven muchas especies como los "abanicos de mar". Lamentablemente una gran parte de los arrecifes coralinos (que se comparan a las selvas amazónicas en la superficie) está desapareciendo, lo que significa que está en peligro de extinción.

Hay otras profundidades bentónicas como la parte más profunda que es la región abisal. Está a más de 3.000 metros de profundidad, llegando hasta los 6.000 metros, donde no se recibe suficiente luz y no se produce la fotosíntesis. En ella habitan especies como las estrellas de mar, las esponjas y la culebra de mar que se alimentan de lo que llega de la superficie, como una amplia cantidad de restos orgánicos de los organismos pelágicos que se hunden después de su muerte.

Dr. Anthony R. Picciolo, NOAA NODC

En las zonas de sedimentos no rocosas de la región costera se encuentran especies como el camarón, los caballitos de mar, rayas, torpedos, lenguados y una variedad de especies nadadoras.

La vegetación bentónica está sobre las rocas y diversos tipos de algas viven en las aguas marinas como las algas pardas que son las laminarias que se encuentran repartidas en el océano y cubren grandes áreas, por lo que se les ha llamado "bosques de laminarias" por su similitud a los bosques terrestres. Estas algas sobrepasan a veces los cuatro metros de alto. Las algas rojas y las algas verdes también se encuentran en abundancia. Estas últimas tienen variadas formas y aunque hay plantas con flores, éstas son muy escasas.

Las aguas profundas, bajo los 1000 metros son muy oscuras, pero hay algo de luz gracias a la bioluminiscencia que es una reacción química del cuerpo de una especie marina que crea una luz baja en comparación a la solar, pero ante esa oscuridad su luz hace un espectáculo en el fondo del océano. Estas especies viven a mucha profundidad y necesitan adaptaciones sensoriales para poder sobrevivir. También hay algunas especies ciegas, pero tienen mejorados otros sentidos para evitar a los depredadores.

En el océano, además, hay procesos metabólicos increíbles como la oxidación anaeróbica para producir nitrógeno gas y el año 2000 se descubrieron microorganismos capaces de producir materias orgánicas por fotosíntesis a partir de pigmentos particulares.

En zonas como el Ártico que tienen -30°C en invierno y 0°C en el verano, habitan animales poco comunes como el oso polar, la morsa, el buey almizclero y varias aves.

En la Antártica hay cerca de 85 especies diferentes de crustáceos como el krill. Esta especie tiene la enorme responsabilidad de ser el primer nivel de la cadena alimenticia en esta zona, lo que quiere decir que todas las otras especies dependen del krill como asimismo de la nieve marina, que es el alimento compuesto de partes de plantas y animales marinos muertos que cae en las aguas.

Hasta el momento hay cerca de 230.000 especies marinas descubiertas, pero de las cuales 1.000 no han sido identificadas (según catastro realizado el año 2010 por el Censo de Vida Marina) y cada día se descubren más.

Aún no sabemos todas las capacidades del océano y sus especies, pero cada día nos da sorpresivas muestras de su poder vital.

La biodiversidad es un soporte importante para el funcionamiento de los ecosistemas marinos y para el servicio del ser humano, y su pérdida puede alterar las relaciones entre las especies durante mucho tiempo.

Credit: The National Oceanic and Atmospheric Administration/Department of Commerce.

Segunda parte

La contaminación marina

"Las futuras generaciones no nos perdonarán por haber malgastado su última oportunidad y su última oportunidad es hoy" Jacques Yves Cousteau

Luther Goldman/USFWS

1. Contaminación marina

"Hay suficiente en el mundo para cubrir las necesidades de todos los hombres, pero no para satisfacer su codicia"
Mahatma Gandhi

La contaminación es la transmisión y difusión de los elementos tóxicos a la atmósfera y al agua. Entonces la contaminación del agua, también llamada hídrica es el efecto que sufre el agua cuando se le añaden componentes que alteran en forma desfavorable su calidad, produciendo daños al medio ambiente.

El color, el sabor y el olor indican cuando el agua está contaminada, es decir, cuando muestra señales que la diferencian de su aspecto normal. Sin embargo, cuando está contaminada con agentes tóxicos el agua debe ser analizada con pruebas químicas, porque su apariencia no se ve alterada.

Cuando la humanidad introduce en el océano sustancias que pueden originar un efecto nocivo contamina al medio marino. De esta forma, acaba con sus ecosistemas, afectando la vida en el planeta de todo ser vivo y por supuesto, se daña a sí misma.

El océano ha sido considerado como un ente autodepurador, capaz de asimilar cantidades ilimitadas de desechos. Es el encargado de la eliminación del dióxido de carbono transformándolo en oxígeno y es una de sus características principales.

Pero en un mundo que cada día se vuelve más industrial y la quema de combustibles fósiles es excesiva, el océano ha sobrepasado su capacidad limpiadora.

El dióxido de carbono es un gas de efecto invernadero que contribuye al calentamiento global del planeta y el océano se está llenando de él, provocando mayor acidez en sus aguas, lo que significa que su ph disminuye y al bajar, afecta a los ecosistemas marinos. Las aguas marinas son normalmente alcalinas, es decir, tienen un ph de 8.5 aproximado, pero está bajando y se sospecha que lo seguirá haciendo sino hay cambios radicales para la protección del medio ambiente.

No se sabe con precisión cuál sería la gravedad del mal en sí con un ph muy bajo, pero los científicos aseguran que habría una influencia negativa en las especies y en los seres humanos que será irreversible, pues para dar sólo un ejemplo de muchos, se perderían especies como las que tienen conchas, porque se disolvería el carbonato que las cubre y ya en estos tiempos, los estudios han señalado que hay bivalvos con conchas más delgadas. Resulta evidente que existiría una alteración en la cadena alimenticia y modificaría la composición biológica, geológica y química del océano.

Entonces, la contaminación marina puede afectar a la humanidad, sin fronteras, extendiéndose a todos los rincones del planeta. Puede afligir a países del sur o del norte, del este u oeste, desarrollados o no, y sin embargo, hoy todos contribuimos a la aniquilación del océano y de la vida misma.

Todos sabemos que la industrialización hace más cómoda la vida de las personas, pero tiene un efecto secundario que no todos conocen y será la que destruirá al planeta si no se toman las medidas necesarias para conciliar al medio ambiente con los procesos de producción, pues el resultado de las descargas de los desechos de la actividad están vinculados a verter en el mar sustancias tan peligrosas como los compuestos sintéticos. Entre las principales industrias que causan mayor contaminación se hallan la minera, la metalúrgica, la fabricación de productos químicos, las refinerías de petróleo y las de fabricación de papel.

La bioacumulación que es la concentración de sustancias químicas está produciendo fatales consecuencias para las especies marinas, pues ha reducido las poblaciones acuáticas como las de las focas y ha llegado a la salud de los seres humanos, como en la enfermedad de Minamata que provocó miles de muertes y enfermos con daños cerebrales por el consumo de atún y otros peces con altos contenidos de mercurio procedentes de los vertidos industriales.

Pero igualmente, las aguas son afectadas por las descargas residuales domésticas y residuales derivadas de las actividades humanas en los campos de la ganadería y de la agricultura que llegan al mar sin el tratamiento adecuado o llegan a través de algunas de las redes hidrográficas que reciben también descargas de estos residuos como los ríos y los lagos.

A esto se suma el plástico, que es un gran problema cuando llega a la basura, debido a la toxicidad de algunos de sus compuestos. La mayoría de los plásticos no son biodegradables, por lo que quedan en el océano por cientos de años hasta llegar a ser fragmentos microscópicos que se mezclan con el plancton, el primer peldaño de la cadena alimenticia marina. Esto trae problemas graves a la salud humana y a la de las especies por causar daño a los sistemas endocrinos como veremos más adelante.

USFWS

En la actualidad, año 2012, la mitad de los 500 ríos principales del mundo están contaminados, simbolizando la crisis del agua dulce y amenazando aún más, la situación del océano. Entre ellos se encuentra el río Citarum en Indonesia donde se descargan los desechos de las fábricas y de los hogares, incluso conociendo la importancia de este río que es el que suministra las aguas para el regadío a la isla de Java. La suciedad impresionante de estas aguas hizo que en el año 2008 se destinaran 500 millones de dólares para limpiarlo, pero aún no se ha hecho nada al respecto y el río sigue siendo uno de los vertederos fluviales más grandes del mundo. Otro de estos ríos es el Danubio, que está contaminado por las sustancias químicas que se vierten en él desde las fábricas bombardeadas el año 1999, pero también se contamina por las aguas residuales. El río Grande o Bravo es uno de los más grandes en Estados Unidos y México, ha sido mermado por la cantidad de represas que se han construido. Mientras que el Ganges es un gran río de la India que se haya contaminado por cremaciones humanas, aguas residuales y desechos de las industrias. Como último ejemplo está el río Nilo, contaminado por los desperdicios domésticos, de hospitales y de fábricas. Además, muchos de los cauces bajos de estos ríos se secan en determinadas épocas del año debido a la sobreutilización.

Estos ríos son sólo algunos de los tantos que están contaminados. En los cinco continentes existen ríos y lagos contaminados con desechos domiciliarios e industriales que tienen una alta peligrosidad según su concentración y por más esfuerzos que tengan algunas organizaciones medio ambientales y personas individuales con conciencia de reducción, reutilización y reciclaje de los desechos, la cantidad de basura aumenta, no se detiene y es algo que sucede a diario, porque todos los días se generan desechos.

La basura se produce diariamente en todos los lugares del mundo y no se detiene, porque aún falta mayor conciencia al respecto de cada ser humano que habita la Tierra.

Todos los desechos que se distribuyen en las redes hidrográficas llegan al océano. Cada desecho que se genera en el hogar y la industria llega al mar, porque llega en estado sólido si no hay una planta de tratamiento adecuada o llega desde los vertederos convertida en gas que se va a la atmósfera y cae al océano o llega simplemente directo de la mano del hombre a través de las industrias, de las playas y de las embarcaciones.

Si bien existen plantas de tratamiento de aguas residuales que con procesos físicos, químicos y biológicos limpian las aguas, aún existe un déficit mundial de ellas y por otro lado, hay residuos industriales específicos que requieren un proceso adicional.

La contaminación marina puede traer más problemas de los que cualquiera pueda imaginar, pues puede cambiar la distribución de las especies, destrucción física de los hábitats, extinción de los animales marinos y de sus aves, y un estrago irreversible para el ser humano.

La detección de altas concentraciones de distintos contaminantes derivados de diversas fuentes ha llamado a la comunidad internacional a tomar medidas para proteger el medio marino. Sin embargo, los vertidos continúan y el mundo es testigo de la muerte de miles de animales y aves marinas, y de los efectos que está produciendo en el ser humano.

OAR/National Undersea Research Program (NURP); University of North Carolina at Wilmington

Ryan Hagerty/USFWS

2. Fuentes de Contaminación del agua

"El hombre no posee el poder de crear vida. No posee tampoco, por consiguiente, el derecho a destruirla" Gandhi

La contaminación de las aguas proviene de distintas fuentes y de modo simple se pueden clasificar en fuentes naturales y fuentes que derivan de las actividades humanas. Son éstas últimas, las que están deteriorando velozmente a los ecosistemas de todo el mundo y con ello, también al propio ser humano.

Fuentes naturales

Entre las fuentes de contaminación natural se halla el clima, donde las lluvias son las que más afectan a las aguas, debido a que pueden causar una suspensión de los sedimentos cuando llueve mucho. En el caso contrario, si no llueve o es escasa puede generar estancamiento que puede causar una actividad microbiológica y un crecimiento de algas perjudicial para los ecosistemas.

La temperatura también es otra causa climática que acelera la actividad biológica y la concentración de oxígeno.

Otra de las fuentes naturales es la geología, pues la estructura de la Tierra impacta sobre las aguas superficiales y las aguas subterráneas. Las características de las cuencas (zonas de drenaje) por ejemplo, afecta la velocidad de flujo que puede erosionar la capa superficial del suelo o las orillas de los ríos, provocando sedimentos que aumentan la cantidad de algas.

También el crecimiento microbiológico y el de los nutrientes es otra forma de contaminación natural, porque el estado del agua depende de la cantidad de ellos. La producción de las plantas en la mayoría de los ríos y lagos está regulada principalmente por la disponibilidad de fósforo y su exceso produce un acrecentamiento de algas que enturbia las aguas y en los casos más graves, puede limitar la producción vegetal. Cuando existe eutrofización que es la concentración excesiva de nutrientes que produce un gran crecimiento de algas, microalgas y macroalgas, se produce una destrucción de los ecosistemas que están en contacto con ellas. Pero su importancia se debe a que estos ecosistemas son los que forman el primer eslabón de muchas cadenas alimenticias marinas, el fitoplancton.

Al pudrirse el agua huele mal, su calidad disminuye y se consume demasiado oxígeno, entonces el agua ya no es idónea para muchos seres vivos y sus habitats.

Sin embargo, la eutrofización es un proceso que se origina en forma natural en todos los lagos del mundo, porque todos reciben nutrientes, pero la contaminación atmosférica, las descargas urbanas que contienen detergentes y jabones con exceso de fosfatos, las actividades ganaderas y agrícolas con sus vertidos que tienen pesticidas, plaguicidas y herbicidas aceleran este proceso porque los llenan de nitratos y fosfatos, convirtiéndose en un importante problema de contaminación que destruye la vida acuática.

El océano también está contaminado por las mareas rojas, una fuente natural de polución que sucede cuando existe una excesiva proliferación de microalgas en los estuarios, lo que se conoce como florecimiento de algas o "bloom", causando grandes cambios de coloración del agua, porque poseen pigmentos con los que captan la luz del sol. Se produce a causa de seres unicelulares planctónicos que siendo parte del mar producen una toxina que enferma a los seres humanos a través del consumo de los bivalvos (almejas, mejillones, etc...) contaminados.

Los incendios forestales aumentan la probabilidad de erosión y sus cenizas lixivian nitratos, por lo que también se considera como una fuente natural de contaminación.

Asimismo, la intrusión salina es una fuente de contaminación natural que se lleva a cabo por el movimiento del agua salada que desplaza al agua dulce y sucede tanto en aguas superficiales como subterráneas.

También en este sentido se encuentran los desastres naturales como las erupciones volcánicas, los terremotos, huracanes y tsunamis que en los últimos años han acrecentado su poder de destrucción debido al cambio climático.

Peter Leary/USFWS

Fuentes androgénicas

Las aguas marinas están amenazadas por una gran cantidad de fuentes contaminantes adicionales como los derrames de petróleo, aguas residuales no tratadas, metales pesados, sedimentos, especies invasoras, desechos marinos y muchas más que se suman a las fuentes generales y naturales de contaminación de las aguas dulces.

Estas fuentes de contaminación son las androgénicas y se refieren a las ocasionadas por las actividades humanas y entre ellas se encuentran la contaminación de vertido industrial, donde los residuos son los metales pesados, desechos de origen químico y minero, y los escapes radioactivos.

Esto significa que la industria es la responsable de un alto porcentaje de los desechos peligrosos que se liberan al ambiente marino y aunque existen controles, estos no se respetan siempre y aumenta la descarga ilegal de estas sustancias en el océano.

Algunos de los metales pesados como el mercurio, el plomo, el cadmio, el arsénico están en el medio marino, penetrando al ser humano por la cadena alimenticia y causando enfermedades en la población.

El mercurio que en 1983 fue reconocido como un metal pesado se produce en algunos minerales y en los gases volcánicos y es una fuente de contaminación peligrosa.

El plomo también es una sustancia altamente peligrosa que se origina en las fundiciones de metal, en los incineradores de basura, en las pinturas que lo llevan como compuesto y en los insecticidas.

Asimismo, el arsénico que se encuentra en casi todos los sulfuros metálicos naturales y en las emisiones de la actividad humana que provienen de la combustión del carbón y el petróleo se suma a estos contaminantes de riesgo. El Cadmio es otra sustancia que llega a las aguas, debido a la actividad humana en las minas y en las refinerías, encontrándose además en los vertidos industriales y en las aguas residuales, en los fertilizantes fosfatados y en los insecticidas. Estos elementos pueden ser muy peligrosos en relación al nivel de concentración que alcancen en las aguas.

Las aguas residuales de la industria contienen contaminantes cuando las industrias producen energía por vaporación en las centrales nucleares, por el transporte de calorías para la condensación de vapor, por el transporte de materias primas, por transporte de iones, por la fabricación de productos en diferentes rubros como el textil o el papelero y por lavado de gases entre otros, pero hay muchos otros tipos de contaminantes nocivos que aparecen según la actividad que desempeñe la industria. Los fenoles que son derivados químicos que contienen los productos que se usan en la industria, en la fabricación de resinas, disolventes y en las pinturas ocasionan graves daños en los peces grasos como el salmón y la trucha que los acumulan en su interior, pero también afecta a las plantas acuáticas de cloración, porque produce un deterioro al agua.

Se sabe que en algunos países vierten los contenidos radioactivos en recipientes sellados. En los fondos oceánicos hay miles de estos barriles con compuestos radioactivos como el plutonio y el cesio entre otros. Sin embargo, a pesar de la presunta seguridad que ofrecen los gobiernos sobre este tipo de almacenamiento se ha descubierto que muchos de estos barriles se han abierto impactando la fauna marina. Pero los accidentes como el de Chernobyl en 1986 y el de Fukushima en 2011 llevaron a las aguas radioactividad sin control y en cantidades que aún no terminan de constatarse sus daños.

La polución de las aguas también se produce por las aguas domésticas que son las que se producen en los centros urbanos y en los hogares conteniendo una enorme cantidad de sustancias de diversa índole como alimentos, grasas, aceites, lubricantes, jabones, plásticos etc... donde los sólidos en suspensión absorben la radiación solar, provocando la disminución de la fotosíntesis de la vegetación acuática. Los aceites y las grasas absorben la radiación solar porque con su espesura cubren las zonas que recorren a su paso por el agua y el oxígeno se reduce, impidiendo que los seres vivos se alimenten del fitoplancton, porque éste no puede producirse sin oxígeno.

Además, los efectos causados por los detergentes y otros compuestos que llega a las aguas, también provoca un impedimento de la entrada de oxígeno por su exceso de espuma, mientras que los componentes como los polisfosfatos son uno de los mayores problemas, porque ablandan el agua.

Otra de las fuentes androgénicas se refiere a los microrganismos patógenos que son las diversas especies de bacterias, virus, hongos, huevecillos de parásitos, amebas y organismos que transmiten enfermedades como el cólera y el tifus entre otros, y llegan al agua en las heces y otros restos orgánicos que producen las personas infectadas. Sin olvidar que también llegan nuestros desechos orgánicos a través de los alcantarillados y en muchos casos contienen sustancias químicas de los medicamentos como antibióticos y analgésicos entre muchos otros que se ingieren. Sobre este último punto, entre los países que más estudios han realizado sobre el tema de remedios en los ríos, en las aguas subterráneas y superficiales se encuentran Alemania y Dinamarca.

Los desechos orgánicos provienen del ser humano, de explotaciones ganaderas, forestales y agrícolas, y cuando existen en exceso, las bacterias agotan el oxígeno impidiendo que los seres vivos que necesitan oxígeno puedan coexistir en esas aguas. Estos desechos de origen ganadero aparecen en las aguas cuando llega el estiércol y los orines, que llevan en sí muchos nutrientes y microrganismos. El problema mayor surge cuando se produce la excesiva fertilización de nitratos y fosfatos ocasionando la eutrofización.

Es fácil imaginar, si ponemos un ejemplo como el de la agricultura, el grado de destrucción que puede ocurrir en el océano. En las actividades agrícolas se utilizan sustancias para erradicar las plagas, se usan además fertilizantes y un sinfín de compuestos para que el producto final sea de excelencia. Sin embargo, esa "excelencia" definitivamente está en cuestionamiento, porque también está llena de químicos, sin mencionar aquí el problema que generan los productos transgénicos para no ahondar en un tema que requiere de otro análisis. Hasta aquí sabemos que la actividad agrícola necesita muchas sustancias para su producción, pero pocos piensan que todas ellas en algún momento irán a los canales de regadíos, a los ríos y luego al mar. Esta es sólo una actividad humana que vierte diariamente toneladas de químicos a las aguas.

El océano recibe sustancias que vienen del arrastre de fertilizantes, aguas residuales no tratadas y contaminación del aire, y reducen el nivel de oxígeno en extensas áreas del fondo marino. En las costas de Texas y Lousiana por nombrar algunos de los lugares afectados, se ha perdido una gran parte de las especies por esta razón.

La contaminación de origen de hidrocarburos es la que se refiere al transporte y a diversos procesos. El petróleo es un hidrocarburo, formado por carbono e hidrógeno. Los vertidos de petróleo provocan algo parecido a una tela impermeable que afecta a las especies marinas, en especial a los mamíferos y a las aves, pero también impide la entrada de luz solar al océano y el intercambio gaseoso que requiere el fitoplancton. Proviene de la tierra en su mayoría y es arrastrado por las corrientes fluviales y otra parte proviene de los barcos. Entre 1967 y 1996 los vertidos de petróleo superaron las 100 mil toneladas de crudo en el agua. Estos derrames ocasionan también importantes deterioros en la propia industria como la eléctrica y cualquier otra que utilice agua de mar para enfriar sus maquinarias.

Las comunidades bentónicas, las que viven en el fondo marino sufren consecuencias aterradoras, pues al ser especies relativamente quietas, reciben directamente el daño. Muchas veces el petróleo en el océano causa la narcosis que es la falta de conciencia de algunos invertebrados marinos. Estos derrames producen las mareas negras que son la masa de agua oleosa oscura que es visible en medio del océano cuando ocurre.

Asimismo son los hidrocarburos en sus compuestos aromáticos como el tolueno, xileno y el benceno, además del petróleo los que causan un perjuicio sin igual.

También hay una fuente de contaminación térmica que nace cuando el vertido de aguas usadas en centrales energéticas y fábricas de refrigeración sube la temperatura, influyendo en la supervivencia de los ecosistemas, disminuyendo el oxígeno y provocando cambios en los procesos biológicos de las especies, es decir, el calor tiene efectos nocivos, porque el aumento de temperatura acrecienta la velocidad de las reacciones biológicas y además actúa directamente en el metabolismo de algunas especies.

Como hemos visto, los efectos causados por la materia orgánica en las aguas disminuye el oxígeno disuelto, llegando a provocar la desaparición de la vida animal, mientras que los efectos de la materia inorgánica, a través de las sales de los metales pesados, causan una mayor salinidad que disminuye el oxígeno disuelto como también provoca la transformación del mercurio en metilmercurio por parte de microrganismos del agua, llegando directamente en la cadena alimenticia al ser humano.

Si se siguen perdiendo los ecosistemas marinos a causa de la contaminación, en el futuro será la vida humana la que se extinga.

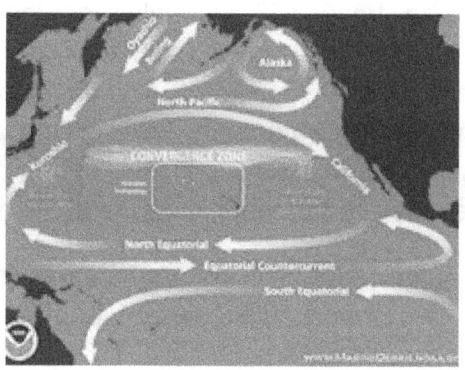

Image Courtesy of NOAA. Marine Debris Program

3. Las Manchas de basura

"Dos cosas que me llaman la atención: la inteligencia de las bestias y la bestialidad de los hombres" Flora Tristán

En 1988 la Revista National Oceanic and Atmospheric Administration de Estados Unidos vaticinó la formación de una zona de basura que podría ser la mancha de basura que Charles Moore, un oceanógrafo estadounidense descubrió en 1997, mientras navegaba desde Los Angeles a Hawai pasando por el vórtice del Pacífico Norte, donde existe mucha presión y poco viento. Moore vio flotando demasiado plástico en la zona y avisó al oceanógrafo Curtis Ebbermeyer, quien fue el encargado de difundir el descubrimiento a otros científicos y a la vez, él fue quien nombró a esta zona como la Mancha de Basura Este (Easter Garbage Path). Se piensa que está constituida por 6 millones de toneladas de desechos que flotan en la superficie y otros que se hallan hasta los 30 metros de profundidad. El año 2005 el PNUMA (Programa de Naciones Unidas para el Medio Ambiente) informó que por cada Km2 se encontraron cerca de 13.000 partículas plásticas flotando y en el fondo marino. Sin embargo es difícil saber las cantidades de residuos con exactitud, pero se conoce que su origen proviene de fuentes terrestres como vertederos, transportes, vertidos sin tratar de aguas residuales y basura de las playas que llegan al mar por las mareas.

Hay variados objetos como envases plásticos de uso generalizado (bebidas, champús, disolventes, lavalozas, cepillos de dientes, etc...) pero lo que más notó Moore fueron grandes cantidades de trozos pequeños de plástico y por ello la bautizó como Sopa de Plástico. Su extensión es desde los 700.000 km2 a más de 15 millones de km2 y se sitúa entre los 135ª O-155ªO y 35ªN-42ªN. El atolón de Midway, cercano a Hawai, es el símbolo máximo de la tragedia que causa el plástico en los mares.

El año 2010 hubo otro alarmante descubrimiento en otro giro oceánico, la Mancha de Basura del Atlántico. Había surgido otra sopa de plástico. La mayoría de los desechos fueron encontrados en la latitud entre Virginia y Cuba. Esta vez de menor extensión que la del Pacífico, pero de aproximadamente el doble del tamaño del estado de Texas.

La verdad es que no es correcto llamar a estas zonas donde se converge la basura marina como islas, manchas o parches, porque no se pueden observar a simple vista, debido a que las partículas son demasiado pequeñas y se forman en los giros oceánicos que son los medios circulares rotativos causados por las corrientes marinas. No obstante, es en el Pacífico Norte que es un giro subtropical, donde más desechos se concentran.

Las corrientes marinas crean esta zona de convergencia de aguas en el Pacífico donde se reúnen los desechos que provienen de Estados Unidos y Asia. Se calcula que el 80% de los desechos proviene de los vertidos desde la tierra y un 20% de las actividades marinas y pesqueras.

Se estima que esta acumulación de basura en el mar comenzó a formarse en la década de los 50', precisamente cuando se vivía el mejor momento de la era del plástico. A mediados del siglo XIX el ser humano descubrió el celuloide, el primer plástico para la fabricación de las bolas de billar para evitar el uso del marfil con el que se hacían en esa época. El plástico se popularizó después de la Segunda Guerra Mundial y con ello comenzó su uso masivo en distintos productos. En los últimos años, el uso del plástico se ha incrementado por su variedad de usos y todas las materias primas que se usan para fabricarlo, ya sea petróleo, madera, carbón, algodón o gas natural contienen carbono e hidrógeno, y a veces nitrógeno, azufre, cloro y oxígeno.

Por lo mismo, el problema se originó cuando los objetos hechos de este material fueron derivados a los vertederos y llegaron al mar, debido a que muchos tipos de plástico no son biodegradables y sus desechos llegan al océano produciendo daños irreparables, ya que sus partículas son consumidas por las especies marinas entrando a la cadena alimenticia y llegando directo al ser humano.

Los efectos físicos y químicos de estos residuos tienen grados letales en las especies, pues se producen daños físicos por su consumo y enredamientos que provocan muchas veces la muerte, mientras que los efectos negativos en el ámbito químico se lleva a cabo por su ingestión. Es probable que existan consecuencias más peligrosas a medida que los trozos plásticos sean más pequeños y estaríamos expuestos a un enemigo casi invisible.

Cerca del 20% de este plástico proviene de los barcos o las plataformas que se hallan en alta mar y el resto es arrojado por el ser humano. Asimismo, la mayor parte de basura que hay en las playas son objetos de plástico y las mareas la arrastran al océano.

Además, estos objetos ajenos al mar producen enormes pérdidas económicas, porque se derrocha tiempo de pesca a causa de la eliminación de los plásticos enredados en las hélices de las embarcaciones y en las redes de pesca y desde la década de los 60 se ha triplicado la cantidad de plásticos en el océano, lo que se sugiere que su dinámica no podrá depurar la cantidad de residuos que se vierte en él.

Las primeras víctimas de la presencia del plástico en las aguas son los animales marinos como se ha visto, porque se asfixian con las bolsas plásticas, se ahorcan con las redes pesqueras olvidadas y con los envases. Otros mueren por su ingesta, además de transmitir toxinas al ser humano que pueden ocasionar perjuicios endocrinos, mutaciones y enfermedades como el cáncer. Las bolitas de plástico conocidas como pellets que llegan al mar son imanes para las sustancias químicas como el DDT (Dicloro Difenil Tricloroetano) que se encuentra en pesticidas y plaguicidas y los PCB (Bifenilos Policlorados formados por carbón, cloro e hidrógeno), convirtiéndose en pastillas de veneno para los animales marinos. En California, Estados Unidos, es muy habitual encontrar tortugas, leones marinos y focas muertas por ingesta de plásticos, aunque en la actualidad aparecen en muchos lugares del mundo. Se estima que al año mueren 100.000 mamíferos y 1 millón de aves por esta causa.

A esto se suma la llegada de nuevas especies, llamadas invasoras y forman nuevos ecosistemas que alteran el orden natural de la fauna marina.

El tiempo de degradación de cada desecho va desde el año en lo que se refiere a colillas de cigarrillos hasta más de 1.000 años en el caso de las pilas y 4.000 años en el caso de las botellas de vidrio. Los plásticos tardan entre 100 y 1000 años en degradarse, dependiendo su tipo. Antiguamente se pensó que el plástico tardaba de 500 a 1.000 años en descomponerse, pero las últimas investigaciones han informado que algunos tipos de plástico comienzan a desintegrarse en el océano en el período de un año, liberando potencialmente el tóxico bisfenol A y otros productos químicos en el agua.

Un estudio efectuado el año 2010 encontró que cada pez que se alimenta en el giro del Pacífico Norte consume unos 2,1 objetos de plástico, porque lo confunde con el plancton.

Además, las aves marinas como los albatros también confunden los plásticos con su alimento. Se ha notado que las tortugas marinas comen las bolsas plásticas creyendo que son medusas. Hasta el momento se conoce que estos objetos producen obstrucción intestinal, desnutrición y provocan la llegada de especies invasoras.

Las sopas de plásticos no se pueden observar por los satélites ni pueden ser detectadas por los radares, pues la concentración de los desechos está suspendida en el agua.

Existen muchas organizaciones que se preocupan y ocupan de los plásticos en el océano como la Fundación Algalita que realiza estudios oceánicos desde 1997 y se relaciona con otras organizaciones internacionales que investigan las distribuciones de microplásticos y la recogida de desechos en los giros oceánicos.

El año 2008 el instructor de buceo Richard Owen formó la organización Environmental Cleanup Coalition que tiene la misión de limpiar la zona del Pacífico Norte con diversos proyectos de ingeniería como el barco barredor de océanos y otros dispositivos para capturar la basura. Mientras que el mismo año en la bahía de San Francisco se formó el Proyecto Kasei que tiene la misión de informar y prevenir sobre la basura marina.

El Ocean Conservancy está a cargo de la limpieza internacional de las costas, donde cada país indica la cantidad y tipo de desechos que recogieron en sus playas. Pero hay muchas instituciones como ONGs, fundaciones, asociaciones, grupos y personas particulares preocupadas por la contaminación marina y el resultado no varía. Sigue aumentando la cantidad de desechos en el océano.

Entonces, a diario las grandes cantidades de desechos plásticos se reúnen en las zonas de convergencia por las corrientes marinas, debido a que el mundo consume productos plásticos a un ritmo insostenible y una de las soluciones viables e inmediatas es el reciclaje de la basura plástica y la reducción de su uso por cada persona, porque es una situación de emergencia que no se ha podido detener y todavía no se descubren con exactitud todas las consecuencias que tienen las partículas de plástico en el océano. Pero sí se sabe que es un peligro inminente para los animales marinos y para los seres humanos.

¿En qué estado estará el océano para las generaciones futuras? ¿Se pueden reparar los errores causados?

Para que la situación del océano se revierta es necesario que existan más organismos fiscalizadores, mejorías en el tratamiento de los desechos y que cada hogar del mundo se preocupe de sus residuos, reduciéndolos o reciclándolos, junto a políticas de educación ambiental de cada municipio, pueblo, país y continente, porque con las instituciones que hay, que son numerosas, aún no se ha podido solucionar ni detener el vertido de desperdicio a las aguas.

No se debe olvidar que la liberación de los compuestos tóxicos bioacumulativos persistentes de los residuos puede causar grandes problemas a los ecosistemas marinos y al ser humano.

Por lo que se observa, las futuras generaciones sufrirán las consecuencias, debido a que en la actualidad ya estamos comprobando el nivel de polución de las aguas marinas y estamos consumiendo sus problemas.

fish0165, NOAA's Fisheries Collection

4. Machos de las especies bajo amenaza

"Produce una inmensa tristeza pensar que la naturaleza habla mientras el género humano no la escucha" Víctor Hugo

Cerca de cien mil sustancias químicas se usan hoy en el mundo, pero miles de ellas están bajo sospecha de una alta toxicidad debido al incremento de la feminización de las especies. Todos estos compuestos cohabitan junto a nosotros a diario en productos como pinturas, ropas, envases, juguetes, cremas, cosméticos, etc. Asimismo es factible que las estemos consumiendo a través de los alimentos, debido a que estos artículos cuando son desechados llegan a los vertederos o llegan directamente al océano, donde entran en la cadena alimenticia desde el plancton hasta el ser humano. Según las investigaciones una persona tiene en su sangre aproximadamente 300 compuestos químicos que no tenía la humanidad hace cuatro décadas.

El disruptor endocrino es un conjunto diverso de compuestos químicos tanto natural como producido por el hombre que altera el equilibrio hormonal, interfiriendo con las glándulas endocrinas y sus hormonas, y con ello a los órganos donde ellas actúan. Entre las sustancias que son disruptores endocrinos se encuentran los plaguicidas y herbicidas, alquilfenoles, ftalatos, bisfenol-A, dioxinas, disolventes (ej. percloroetileno), estireno, PBBs (Bifenilos polibromados), PCBs (Bifenilos policlorados) y TBT (Tributilestaño).

Estos compuestos se encuentran en los artículos de limpieza, en los envases de plásticos, en los juguetes y en un sinfín de artículos con los que el ser humano convive a diario como ya hemos mencionado, sin embargo aún se continúa investigando y se ha generado una hipótesis alarmante de parte de una gran parte de la comunidad científica con respecto a lo que estos disruptores endocrinos pueden causar en el ser humano, porque ya lo está haciendo en los animales.

Estos disruptores pueden modificar la cantidad de receptores hormonales en la célula y cambian el metabolismo hormonal, acrecentando la cantidad de metabolitos estrogénicos. Numerosos estudios han comprobado que los disruptores endocrinos han afectado a comunidades de animales en especial a las especies acuáticas, donde se han descubierto alteraciones en la diferenciación sexual.

USFW

En el caso de los machos, los testículos contienen enzimas que metabolizan los estrógenos y si estas enzimas se ven afectadas se incrementa la exposición de los testículos al estrógeno. Por ende, estas sustancias afectan la fertilidad, el crecimiento, el metabolismo, el sistema inmunitario y además son cancerígenos.

Los disruptores endocrinos más frecuentes y potentes que se encuentran en el medio marino son los alquifenoles, el ftalatos, el bisfenol- A, las dioxinas y los bifenilos policlorados que llegan por la basura que se vierte en las aguas dulces y saladas.

Uno de los más peligrosos es el ftalatos que es un grupo de químicos usados para hacer más flexibles los plásticos, pero también está presente en los jabones, desodorantes, plásticos automotrices y en muchos productos con los que el ser humano comparte a diario.

Mientras que el bisfenol-A es otro disruptor endocrino y también es un ingrediente del plástico. Se encuentra en las botellas reutilizables y resinas que cubren algunos envases de comida e incluso en los selladores dentales y también influye en el desarrollo fetal. Mimetiza a los estrógenos y promueve el cáncer de mama y disminuye la cantidad de espermatozoides. Se encuentra prohibido por la FDA (Administración de Drogas y Alimentos de Estados Unidos) desde el año 2010 para los biberones y para las tazas con tapa de los bebés.

El desarrollo económico del último siglo ha estado ligado al uso de estos diversos y masivos productos químicos en todos los ámbitos de la actividad humana. El vertido de residuos al océano, de forma directa o indirecta, libera estas sustancias afectando el mantenimiento de los ecosistemas y la salud humana y el de las especies.

Los contaminantes más habituales derivados de la actividad humana son los plaguicidas, herbicidas, fertilizantes químicos, detergentes, hidrocarburos, aguas residuales, plásticos y otros sólidos. Estas sustancias se acumulan en el fondo marino y son ingeridos por las especies marinas y se introducen en la cadena alimenticia mundial y los investigadores identifican este posible peligro en estudios de ecotoxicidad.

Por lo mismo, en las manchas de basura se acumulan los plásticos con estas sustancias tóxicas. La polución química se acumula en las aguas y sedimentos, dañando a las especies por su consumo como las águilas pescadoras, gaviotas, garzas, ranas, tortugas, truchas, salmones y muchos animales y aves acuáticas.

Se calcula que más de 200 especies entre aves y mamíferos marinos consumen a diario los plásticos que flotan en el océano. Se ha encontrado en los estómagos de ballenas cientos de kilos de desechos plásticos y se han hallado tortugas marinas, leones marinos y focas asfixiadas o por ingesta de plásticos muertas en las costas. En los ríos de Gran Bretaña, en el 50 % de los peces machos fueron descubiertos huevos creciendo en sus testículos como asimismo han nacido osos polares hermafroditas y gaviotas homosexuales, aparecidas en los grandes lagos en Estados Unidos. También se ha observado en las aves que se alimentan de pescado que existen anomalías embrionarias. Las investigaciones muestran también la aparición de peces en el Mar Báltico con una disminución en el tamaño de los testículos. Han surgido ratones con pezones y abdomen de hembras, pollos feminizados, ballenas beluga machos con útero y ovarios, caimanes machos que muestran un perfil típico de una hembra y tortugas que no son ni machos ni hembras.

Desde hace algunos años en el mundo científico se ha ido acrecentando la preocupación sobre los niños y su exposición a diversas sustancias químicas que podrían afectar sus sistemas endocrinos. Este interés se debe a la disrupción endocrina que ha resultado de la experimentación en animales de laboratorio y los cambios que se han presentado en las comunidades de animales silvestres en sus propios habitats. Además, la preocupación se debe a que existe un crecimiento en enfermedades endocrinas en los seres humanos que está afectando, en especial, a los varones.

Los científicos han constatado que en los últimos años ha aparecido una reducción de la fertilidad masculina en todo el mundo. La producción de espermatozoides se ha reducido en un 50%, ha bajado su calidad encontrándose incluso espermatozoides con dos "cabezas" y ha aumentado el cáncer testicular en un 400% en 60 años.

Algunos científicos señalan que los efectos de los disruptores endocrinos en el embarazo generarían las enfermedades futuras del feto relacionadas al sistema endocrino como los problemas de tiroides, diabetes, tipos de cáncer, etc..., es decir, lo que plantean y están investigando es que el medio ambiente influye en las embarazadas al estar expuestas a estas sustancias sintéticas que provocan desequilibrios hormonales en los fetos.

En 1950 nació la primera generación de niños expuestos a estas sustancias químicas y las enfermedades aumentaron considerablemente en esa población y no se ha detenido, y continúa con los más vulnerables que son los que aún no han nacido, los fetos, porque en el momento en que las células comienzan a dividirse para convertirse en órganos estas sustancias alteran su sistema endocrino.

Hace años los científicos pensaron que el feto estaba protegido por la placenta, pero posteriormente descubrieron que no era así, que la exposición a estos disruptores endocrinos era muy peligrosa y traspasaba a la placenta.

Durante varias semanas después de la concepción, el embrión no es ni femenino ni masculino. Las hormonas sexuales determinan si es niño o niña y en la sexta semana aparece el aparto reproductor del varón. Los estrógenos que hay en el útero de la madre no afectan al feto porque están unidos a una proteína de manera que no interfieren en el desarrollo del feto, pero sí otras sustancias químicas que actúan como estrógenos y están en el aire, el agua y los alimentos Todas ellas afectan a los fetos y luego lo hace a través de la leche materna de la madre.

Los estudios demuestran que entre sus consecuencias se agregan las anomalías intrauterinas, daños del tejido fetal en formación, cambios del fenotipo genital al nacer, testículos que no descienden, pene pequeño, crecimiento de senos en varones y diversas manifestaciones en la adolescencia. Esto no debe confundirse con la futura orientación sexual que tendrán los varones, porque se feminizan sólo sus cuerpos, aunque sí podrían existir problemas sicológicos considerables y facultar a una confusión en el varón adolescente, dependiendo de la anomalía que sufra.

Sin embargo, hace algunos años hubo científicos que exponían que se necesitaban más estudios sobre la relación de los disruptores endocrinos y el ser humano para comprobar su peligrosidad, porque cuando estos compuestos entran al organismo de las personas se transforma en metabolitos, entonces pasa muy rápido a la orina. Pero las últimas investigaciones publicadas en la Revista Internacional de Andrología han demostrado que los altos niveles de estas sustancias en la mujer embarazada afectan a los fetos masculinos en su desarrollo genital posterior y una reducción de la testosterona.

No obstante, otra parte de la comunidad científica no necesita más estudios al respecto y piensa que los disruptores endocrinos provocan la disminución de la producción de testosterona a favor de la producción de los estrógenos, feminizando a los niños.

Lamentablemente la amenaza a la que se enfrenta la humanidad es la sobre exposición de la población a estos disruptores endocrinos, lo que significa que puede existir mayor riesgo de que el varón pueda tener genitales más pequeños y descenso testicular incompleto que conlleva a un desarrollo reproductivo dañado. Una generación de varones feminizados que muestra hombres con caderas más anchas, pechos más desarrollados, malformaciones genéticas y hombres que no se identifican completamente con su rol masculino por tener un cuerpo feminizado.

USFWS

Desde el año 2010 se están prohibiendo algunas de estas sustancias disruptoras endocrinas, pero se debe decir, que el proceso ha sido muy lento. El problema persiste en el océano, porque el plástico y sus compuestos siguen ahí fragmentándose de a poco, pero las sustancias en pequeñas partículas estarán ahí por varios siglos. Lo sorprendente e inquietante es que muchas de estas sustancias se encuentran en diversas zonas que son supuestamente vírgenes como el Ártico, porque los compuestos que se volatizan en áreas templadas viajan a zonas más frías arrastradas por las corrientes atmosféricas.

La reducción de la fertilidad se ha dado con mayor incidencia en los últimos años, además, por la contaminación de las aguas de ríos, pues se han detectado en ellas importantes cantidades de residuos plásticos y de medicamentos (paracetamol, anticonceptivos, oncológicos, etc… que se evacúan por la orina y llegan a las aguas) que traspasan los filtros de las depuradoras cuando éstas se hallan, porque se debe afirmar, que muchos canales de agua no tienen aún estos sistemas de depuración y el tratamiento de las aguas a nivel mundial es todavía una tarea pendiente.

Hay mucha evidencia, demasiada, que muestra los efectos de los disruptores endocrinos en los animales, pero aún es débil esa evidencia para los seres humanos, en especial porque no hay consenso entre los científicos. No obstante, las investigaciones avalan que la calidad de la esperma humana ha declinado. También hay alteración en el sistema inmune de animales y seres humanos. Asimismo en el desarrollo neurológico y el sistema tiroideo. Y hay aumento en diferentes tipos de cáncer como el de mamas y el de testículos. Sin embargo, Estados Unidos y la Unión Europea han prohibido el uso de varios disruptores endocrinos para la fabricación de algunos productos y se están estudiando otras sustancias que están bajo sospecha de una alta peligrosidad y toxicidad.

También existe una lista de pesticidas que tienen efectos estrogénicos como el DDT, el ketlane, el kepone y el metoxiclor, entre tantos otros. No obstante, por su estructura molecular no se puede advertir su actividad estrogénica, pero sí la destrucción de la acción de los estrógenos, porque actúan ellos mismos como estrógenos, bloqueadores hormonales y activan a los receptores celulares.

Entre las sustancias comunes con efectos estrogénicos también se encuentran la acetona, el tolueno, el ácido benzoico y la dioxina. Esta última es considerada como uno de los venenos más potentes conocido por el hombre.

Se han descubierto insecticidas y fungicidas como el methoxychlor y vinclozin que provocan modificaciones en los ratones machos hasta cuatro generaciones después de la exposición inicial.

Además, muchas de estas sustancias son agentes genotóxicos. Estos agentes son los compuestos naturales y sintéticos que ocasionan daños en el material genético (ADN y los componentes celulares relativos al funcionamiento de los cromosomas) y son los que el organismo del ser vivo metaboliza y acumula. Estos agentes inducen a alteraciones genéticas tanto en las células germinales como en las células somáticas de los seres vivos. También se les llama xenobióticos y son utilizados en química orgánica, generalmente en la industria de plásticos, de pinturas, de medicamentos, de combustibles, de cosméticos, de cigarrillos, etc. Es decir, estamos constantemente expuestos a ellos. Tienen un origen químico, físico y biológico e influyen en los seres vivos según la dosis recibida o el tiempo de exposición, acompañados de las características particulares de la constitución genética de los organismos.

En la categoría química están todas las sustancias que contaminan el medio ambiente como los hidrocarburos aromáticos y los pesticidas.

En cuanto al origen físico se refiere a las radiaciones en todo su ámbito. Por ejemplo, las altas dosis de radioactividad liberadas en el accidente de Chernobyl en 1986, en las explosiones de las bombas atómicas lanzadas por Estados Unidos en Hiroshima y Nagasaki, y en el último accidente de Fukushima ocasionado por el terremoto de Japón, han dejado evidencias del daño que produce la radioactividad en el material genético de todos los seres vivos. Pero los efectos de esta radioactividad en el agua marina se manifiestan en la tasa de producción de las especies marinas, en su edad de maduración y en las mutaciones, entre otros estragos.

Mientras que entre los xenobióticos de origen biológico se encuentran los parásitos, las bacterias y los hongos.

Aunque en realidad, la gran mayoría de los agentes genotóxicos o xenobióticos de origen químico son inertes en los seres vivos, es a través de las enzimas metabólicas que las genotoxinas son transformadas a productos más reactivos capaces de interactuar con diversas macromoléculas celulares, tales como las proteínas y los ácidos nucleicos.

Según los investigadores la disminución de espermatozoides y la reducción de la fertilidad masculina están relacionados también a los genotóxicos, especialmente con los pesticidas y herbicidas que han aumentado en las actividades agrícolas y en el sector doméstico. Pero además llegan a las aguas, provocando su contaminación y con ello otra fuente de feminización para las especies y el ser humano.

Por lo visto, la feminización de las especies y del ser humano se debe a muchos factores que van en relación con las sustancias tóxicas que se encuentran en el medio ambiente.

Sus detractores dicen que las dosis son muy pequeñas como para afectar a la humanidad, pero lo que está sucediendo en el reino animal y los miles de casos de escasez de espermatozoides, el aumento del cáncer testicular y otras anomalías en los hombres demuestran que la tesis de la alteración endocrina por sustancias tóxicas es algo más que una tesis.

Si se han feminizado osos polares, ballenas, peces y varias especies de aves, se sugiere que un patrón similar está teniendo lugar y se acrecienta día a día en los seres humanos.

Karen Rhode/USFWS

"Yo también hablo de la vuelta a la Naturaleza; aunque esa vuelta no significa ir hacia atrás, sino hacia delante." **Nietzsche**

Fuentes y Bibliografía

Ballenilla, F. (2005). La sostenibilidad desde la perspectiva del agotamiento de los combustibles fósiles, un problema socioambiental relevante. Investigación en la Escuela.

Barnes D.K.A. and Milner P. (2005). Drifting plastic and its consequences for sessile organism dispersal in theAtlantic Ocean. Marine Biology 146: 815-825.

Barreiros J.P. and Barcelos J. (2001). Plastic ingestion by leatherback turtle Dermochelys coriacea from theAzores (NE Atlantic). Marine Pollution Bulletin 42 (11): 1196-1197.

Bovet, P., Rekacewicz, P, Sinai, A. y Vidal, A. (Eds.) (2008). Atlas Medioambiental de Le Monde Diplomatique, París: Cybermonde.

Brown, L. R. (1998). El futuro del crecimiento. En Brown, L. R., Flavin, C. y French, H. La situación del mundo 1998. Barcelona: Ed. Icaria.

Brown, L. (2004). Salvar el planeta. Plan B: Ecología para un mundo en peligro. Barcelona: Paidós.

C. J. Moore, S. L. Moore, M. K. Leecaster, S. B. Weisberg (2001). A Comparison of Plastic and Plankton in the North Pacific Central Gyre. Algalita Marine Research Institute and Southern California

Coastal Water Research Project. Publicado en Marine Pollution Bulletin 42.

Comisión Mundial del Medio Ambiente y del Desarrollo (1988). Nuestro Futuro Común. Madrid: Alianza.

Clark R.B. (1992). Marine Pollution. Third Edition. Clarendon Press, Oxford.

Delibes, M. y Delives de Castro, M. (2005). La Tierra herida. ¿Qué mundo heredarán nuestros hijos? Barcelona: Destino.

Diamond, J. (2006). Colapso. Barcelona: Debate

Disruptores endocrinos Xenoestrogenos. http://www.youtube.com/watch?v=PWwM9fWkdZU

Documental Hombres en Peligro (La humanidad en vías de extinción) http://www.youtube.com/watch?v=jTUnqKrXQr8&playnext=1&list=PL434AE4F318A36F97&feature=results_video

El Integrated Ocean Drilling Program-IODP: http://www.iodp.org/

Disruptores endocrinos Feminizacion de los machos. http://www.youtube.com/watch?v=H79BQZkmF4E

El Deep Sea Drilling Project –DSDP: http://www.deepseadrilling.org/

Eriksson C. and Burton H. (2003). Origins and biological accumulation of small plastic particles in fur seals fromMacquarie Island. Ambio 32 (6): 380-384.

Fernández, Martín (1825) Colección de los viages y descubrimientos que hicieron por mar los españoles. Madrid. De Orden S.M.

Folch, R. (1998). Ambiente, emoción y ética. Barcelona: Ed. Ariel.

Los Varones Desaparecen " Feminización Quimica de LasEspecies".http://www.youtube.com/watch?v=rEh6c TSZYGg

Lynas, M. (2004). Marea alta. Noticia de un mundo que se calienta y cómo nos afectan los cambios climáticos. Barcelona: RBA Libros S. A.

Mayor Zaragoza, F. (2000). Un mundo nuevo. Barcelona: UNESCO. Círculo de Lectores.

Michelle Allsopp, Adam Walters, David Santillo y Paul Johnston. "Contaminacion por plasticos en los oceanos del mundo" (julio de 2007). en http://www.greenpeace.org/espana/reports/contamina ci-n-por-plasticos-en

NRC (National Research Council - National Academy of Sciences) (1999). Hormonally Active Agents in the Environment, National Academy Press, Washington, D.C.

Nuestro Veneno Cotidiano (Subtitulado Español)
http://www.youtube.com/watch?v=132bnzHDiGA

Océanos de plástico: el basurero de la humanidad.
http://www.youtube.com/watch?v=5brsY9Czc5U

Pearce, F. (2007). La última generación. Benasque: Barrabes

PNUMA, "Hacia una Economía Verde"(2011).

Programa Internacional de Seguridad Química. 2003. Disruptores Endocrinos. Argentina.

S.LeVay (1993),El cerebro sexual.

Science (1991)A Difference in Hypothalamic Structure Between Heterosexual and Homosexual Men.

Wasser, S. (2002). Personal communication between Samuel Wasser, Director, Center for Conservation Biology, Department of Biology, University of Washington, Seattle, WA, and Crystal Driver, Battelle Northwest, Richland, WA.

Zenic, H. and E.D. Clegg (1989). Assessment of male reproductive toxicity: a risk assessment approach, pp. 275-310. In Principles and Methods of Toxicology, ed. A.W. Hayes. Raven Press, New York

www.ingramcontent.com/pod-product-compliance
Lightning Source LLC
Chambersburg PA
CBHW072227170526
45158CB00002BA/786